◎陈鸣 著

月影石上
悠悠我心

——漫话石韵

清华大学出版社

北 京

图书在版编目(CIP)数据

月影石上，悠悠我心：漫话石韵 / 陈鸣著. --北京 ：清华大学出版社，2015
ISBN 978-7-302-39527-0

Ⅰ．①月… Ⅱ．①陈… Ⅲ．①观赏型—石—鉴赏—中国 Ⅳ．①TS933

中国版本图书馆 CIP 数据核字(2015)第 033970 号

责任编辑：张立红
封面设计：李 坡 叶 湘
版式设计：方加青
责任校对：邵怡心
责任印制：沈 露

出版发行：清华大学出版社
　　　　网　　　址：http://www.tup.com.cn，http://www.wqbook.com
　　　　地　　　址：北京清华大学学研大厦 A 座　　　　邮　　编：100084
　　　　社 总 机：010-62770175　　　　　　　　　　邮　　购：010-62786544
　　　　投稿与读者服务：010-62776969, c-service@tup.tsinghua.edu.cn
　　　　质 量 反 馈：010-62772015, zhiliang@tup.tsinghua.edu.cn
印 装 者：北京亿浓世纪彩色印刷有限公司
经　　销：全国新华书店
开　　本：148mm×210mm　　　印　张：3.75　　　字　数：75 千字
版　　次：2015 年 4 月第 1 版　　　　　　　印　次：2015 年 4 月第 1 次印刷
定　　价：38.00 元

产品编号：060932-01

序

　　陈鸣先生无疑是一位优秀的收藏家，他以独到的眼光不断体验美、发现美甚至创造美，几十年如一日，将自己的情感融汇到所收藏的每一件石头之中，使石之生命得以唤醒和激扬。更加重要的是，他愿意将这种美的感受与价值，传递给周围的朋友，传递给广大读者，所谓"美美与共，天下大同"，从这

个意义上来说，他也是一位美学大师。我很喜欢他曾说的一段话：艺术起源于一个人为了要把自己体验过的感情传达给别人，于是在自己内心深处重新唤起这种情感，并用某种外在的标志表达出来。我促成了这本书的创意，一方面，缘于我自己对陈鸣先生对于美的认知悟性之感动；另一方面，赏石艺术在我国艺术史上占有独特的地位，其中蕴含的文化密码，鲜有人能真正解析、传达出来。这本书，无疑承担了很好的普及责任。

——教育家　林　格

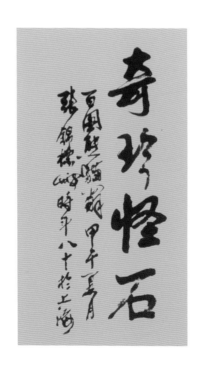

前　言

石性通灵，石德厚实，
赏石清心，玩石怡情。
宁静致远，修身养性，
乐此不彼，美妙无穷。

赏石可修身养性，提升品位；赏石可涵泳性情，感悟艺术；赏石可开阔眼界，丰富生活。

作为一名忠实的奇石收藏者和以自己收藏多年的众多奇石珍品为案例，实物讲解，形象生动地解读"唯美艺术鉴赏密码"。时间只记住精品，艺术则承认一流！让我们一起步入这迷人的石文化世界，一个极富魅力、令人乐此不疲的奇石世界。

奇石有很多命名，比如观赏石、供石、雅石等。笔者认为，真正能称得上奇石的好石头实在是少之又少。在我的人生历程中，石文化可谓对我的影响最大。把我描述为石痴，一点也不为过。在赏玩奇石的过程中，如有幸遇到几方堪称真正的奇石，那种感受简直妙不可言，令人感叹大自然的鬼斧神工。

许多人对赏石艺术非常陌生，无缘进入迷人的赏石世界，其实，选择精美奇石的过程恰如在发现。或许很多人以为赏石的门槛很高，尽管很想进入，但踟蹰犹豫，仿佛必须掌握许多知识后才能开始赏玩，恰如许多人错误地以为，只有珠宝学院毕业的人才能赏玩玉器。其实并非如此，石文化的确很深奥，但我以为，任何一个具有审美能力的人，热爱生活的人，都可以轻轻松松赏玩奇石，因为美是相通的。

我从小酷爱艺术，在观看了大量的高雅艺术品后，深深感到其实美是相通的！赏玩奇石只需关注"形、质、色、纹、韵"五要素即可，参照人体艺术的美学原理，赏石就显得浅显易懂了。

选择精美奇石的过程其实恰如"选美"，一块形状不错的奇石，犹如一位五官、身材均不错的佳人；一块质地很好的奇石又仿佛佳人细腻的皮肤，无需用手触摸，用眼睛就能感知；皮色不同的奇石恰如不同肤色的人，而皮色悦目的奇石犹如一个人的气色——白里透红，由内而外的美丽；奇石的纹理恰如佳人的"三围"，每一部分既不多也不少，比例到位，极富章法，给人以和谐之美，令人感到美不胜收；奇石的韵味在赏玩奇石的整个过程中尤为重要，假如把一方奇石比作一条龙，那么奇石的韵味就是那条龙的眼睛。一方颇具韵味的奇石恰如一位风韵尤佳、气质美如兰的绝代佳人。

陈　鸣

月影婆娑　石韵悠悠
——观赏石是发现的艺术

　　玩石者的乐趣是一般人无法体验的，这通常是因为世人误以为赏石家欣赏的奇石和路边所见的普通石头没什么不同。有些偏爱玉器的人更以为只要质地好的石头就是好石头，从而忽视了奇石欣赏最重要的"形"。须知"万物形为先"，不出形的石头其实根本没有收藏价值。

　　一块好石头，我们才称它为奇石。那么什么才算好石头呢？关键的一点就是该石头必须出形！恰如玉不琢不成器。古代就有人认为，一块再好的玉石原料，假如不经雕刻大师精雕细琢，与普通瓦石也无何差异。其实古代高人已经有了"万物形为先"的理念。广为人知的例子就是著名的"汉八刀"，在当时的工艺水平下，雕琢出精美无比的传世佳作，令人赞叹。

　　国力强盛的秦汉时期，在玉器制作上，一变纤巧繁细的作风，表现出雄浑博大、自然豪放的艺术风格。如典型的"汉八刀"，是指汉代雕刻的玉蝉，其刀法矫健、粗野、有力，表现出当时精湛的雕刻技术。

　　"汉八刀"的代表作品为八刀蝉，分为佩蝉、冠蝉和

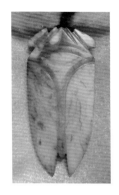

"治"（琀蝉），八刀蝉的形态通常是用简洁的直线抽象地表现其形态特征。其特点是每条线都平直有力，像用刀切出来似的，俗称"汉八刀"。"八刀"是表示用寥寥几刀，便可给玉蝉注入饱满的生命力。

试想那块玉蝉假如仅仅是玉质很好，而未经过良工雕琢，它还能流传至今、令人赞不绝口吗？

可举个例子来说明这一点，假如一位女子长得一点也不美，但反复证明她是扬州人，人们是否就会改变态度而认为她很美呢？其实，一位绝代佳人是没必要证明她的出生地的，更无需阐明她是扬州人，因为美丽已经说明了一切。

有些藏家拿着雕工不够细腻传神的玉器，误以为只要报出是出自某某大师之手就能让人们认可该玉器，其实大错特错。一件玉器假如雕琢得很有神韵，则根本无需报出是某某大师的作品，其外在呈现的精、奇、特、俏、神，便足以证明它是一件难求的宝物。

万物形为先，玩石也好，玩玉也好，脱离了"形"就会使人走入误区。当然，这没有排斥"质"的要素，经济条件许可的话，在满足"形"的基础上，选择"质"好的收藏品一点没错。有眼力的话，更该收藏巧夺天工具有韵味的佳品。

目　录

第三章　如何利用奇石提升居家品位

第四章　陈鸣藏石精粹

穿越时空——玛瑙石

第一章

| 如何挑选奇石 |

提高自己的艺术修养

　　艺术修养提升了，审美能力提高了，方能发现并赏读真正精美无比的奇石。如下图白灵璧原石，外形犹如一个寿桃，明快清朗的白色部分神似一只写意的仙鹤，其眼睛、嘴巴清晰可见，翘起的尾巴和大写意的两只脚平添了几分灵动。最难得的是寿桃寓意长寿，仙鹤同样寓意长寿，作品体现的就是"寿上加寿"。该奇石在迎世博国际石展中获得精品石的荣誉。

仙鹤图——白灵璧原石

了解古人玩石的审美标准

我国的赏石文化历史悠久，文献记载大约始于商周，发展于秦汉，秦汉时赏石审美开始逐渐成为风尚。到了唐宋时代和明清时期，国力渐强，出现了数次太平盛世，客观上，这也使当时的达官贵人、文人墨客有闲情逸致投入到赏石活动中，奠定了我国赏石文化的理论基础。

儒家以朴素的自然辩证观看待人与石的关系，主张赏石"以人为本"。这也是儒家的自然观，认为人是主体，石是客体，主客相生。赏石，要按人的意念审美。石头是自然的象征，是浓缩的自然。只有视石如人，人与石才能对话，沟通交流思想情感，实现人石共演天地，体现自然与人的和谐统一。

道家哲学认为，石与人同是自在之物，在大自然中的地位是平等的。石头诞生在人类出现之前，是被人欣赏的对象，理应是主体，人则是客体。赏石审美，应是人随石意而变。奇石的干枯与润泽，粗糙与细腻，灵巧与顽拙，美与丑，虚与实，刚与柔，等等，各具其美，全都美在自然，美在真，美在简朴和原始。若依人意而为之，便使其失真，失真即失美。由此可见，道家赏石审美，就是欣赏自然的和谐之美与宁静之美，欣赏的是奇石之原汁原味，于平淡中可见不凡的天籁之美。

世界杯奖杯/回头鹰——来宾石（12cm×19cm×12cm）

　　古人玩石喜好"上大下小"，所谓"云头雨脚"。上图中的来宾石非常符合古人的审美情趣，更奇的是从各个角度欣赏此石，分别呈现出"世界杯奖杯"、"巴尔扎克"以及"回头鹰"的不同风姿。经专家认可，该奇石收录在著名的《上海赏石》杂志中，取名"巴尔扎克"。

荷韵——小品组合石

了解现代人的赏石理念

承认每一石种的个性，发掘某些石种的共性是让石界百花齐放的正确路向。否则，我们就会退回到皱、透、漏、瘦固步自封的境界，就不会有今天这种以质、色、形、纹、意、象为依据的赏石新论的进步。

现代人赏石，着重围绕形、质、色、纹、韵五个主体因素和命名、配座两个辅助因素来进行。

形：主要指奇石的外观形态。主要看是否形状怪异、形象生动、形意鲜明、石体完整。如果是型石，要求奇特优美、婀娜多姿、观赏视角好、能以形传神。

质：主要指奇石的质地。石体的软硬、轻重、构造、精细、致密及干润程度。

色：主要指色彩和光泽。色彩对人产生美感效应。上等奇石，要求色泽艳美、柔顺协调、对比度好、光泽感强。

纹：主要指奇石石体上显出的花纹图案或文字。有的是色纹，有的是石脉线条变化形成的范纹、斑块。

韵：主要指奇石的韵味、神采。在欣赏奇石的形、质、色、纹这些外部特征时，最终是围绕"神韵"来感悟大自然鬼

一柱擎天——黄鳝皮大化石

斧神工之魅力。从有形感悟出无形的东西，真正领悟奇石的神韵意趣。

现代人玩石从古时的"皱、瘦、漏、透"过渡到当今的"形、质、色、纹、韵"，追求的就是珠光宝气、华丽的外观！上图中的黄鳝皮大化石颇受藏家喜好，尤其是艳丽的皮色非常惹人爱，是当代赏石的新贵新宠。比较名贵的虎皮大化已属上乘，比较难得，而其通体呈现黄鳝皮，更显难能可贵，实属罕见！

细观此石，无论从哪一面来欣赏，其黄鳝皮的脉纹均清晰可见，而且整体仿佛一段鳝筒，非常逼真。该石小中见大，显得很有气势，犹如一擎天的石柱，故名"一柱擎天"，可谓美不胜收。

以独特的眼光挖掘奇石的闪光点

在玩石的过程中，往往"仁者见仁，智者见智"。对一方奇石的鉴赏，其实没有谁对谁错，只有谁对该石认识更深入、更独到、更贴近奇石的本意，这与一个人的艺术修养分不开。随着艺术修养的提高，可不断发掘出奇石的闪光面，玩石的真正乐趣就在于此。

赏石爱好者赏石的本意是为了发现美、追求美。奇石是发现的艺术，恰如观庐山，横看成岭侧成峰，发现挖掘的"闪光点"越多，奇石的价值就越高。平时有幸结识了许多文人雅士，在酬唱互答中不但提高了文学修养，而且汲取了文学的精粹，提高了艺术修养。

当别人只看到了外在的一些东西时，你还要注意到其内涵。看一颗树，不仅要看到绿色的树叶、树枝、树根，还要看到树叶的层次，树叶的脉纹，风吹时树发出的声音，并且还要想象它埋在泥土里的根有多粗。

奇石的美不是孤立的，在每块奇石中，各种美相互依存，相互融和。每块奇石都有如下十方面的大美：天成之美、形态之美、质地之美、色泽之美、纹理之美、风霜之美、意境之美、石铭之美、石座之美、个性之美。

下图的木化石"层峦叠翠"非常神奇，清晰而富有韵味的木纹仿佛远山的黛色，极富神韵！奇石中央，犹如霹雳的划痕，自上而下，颇具气势，体现"石破天惊"之霸气。

　　细观此奇石，柔美的身姿，大气的树杈令人百看不厌。自上而下的一条裂纹，犹如石破天惊，颇具气势。难得的是，从不同角度欣赏，该石均完美无比！更奇特的是其中一面呈现一山峰，逼真的石门清晰可见，犹如一扇神韵的山门，呈现"芝麻开门"的奇观，令人感叹大自然的鬼斧神工。

层峦叠翠/芝麻开门——木化石

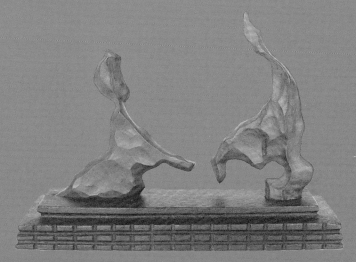

第二章

|奇石为什么惹人爱|

百看不厌　日观日新

　　观赏石中能典型地再现大自然山峦峰壑、优美景色的自然之象的奇石归为山形石，它是大自然赋予人类的瑰宝。

　　山形石之所以被历代士林文人所青睐，在于其"方寸之地纳万千气象，蕞尔之石寓山岳精冲"，蕴涵了山川峰峦奇险雄秀之神韵，与我国传统的崇山理念相契合，使人能领悟到小中见大，浅中见深之哲理。在精微中追求广大，从细小处探究宏博。

　　笔者珍藏的这方奇石堪称山形石的代表。11页图中的晴岚飘雪——富贵石，是笔者非常喜欢的珍藏版奇石，并且属于难得的标准供石，堪称完美无缺。群峰参差、亭亭林立、变化无穷，"秀美"特征尽显无遗；气韵清秀挺拔、玉树临风、摇曳多姿；山体峭壁上险绝之处，浑然天成、无脉可寻，散发着一种雄奇的气势，彰显着大自然的无穷伟力。

　　由重重山峰和谐而成的山体，显得高大而雄伟。该石皮色凝重，外形逼真，仿佛大山的缩影。更难得的是，山峰上缀有天然形成的星罗棋布的小白石，仿佛飘落的雪花，使山体极富神韵，颇显诗情画意，故名"晴岚飘雪"。假如把整块奇石看作"唐古拉山"，则星罗棋布的小白石可看作可爱的牦牛，取名"唐古拉山的牦牛"。

晴岚飘雪——富贵石

　　该奇石曾受到国际赏石文化研究中心、观赏石鉴赏总区坛
主博雅的好评。

山水图——黄蜡石

宁静致远　虚怀若谷

　　戈壁绿碧玉因其具有罕见的天然彩而闻名，产于内蒙古阿拉善蒙地区。绿碧玉是亿万年前火山岩浆冷却后形成的，硬度达7度以上，戈壁玉尤以黑、绿彩最为珍贵。下图三峡风貌——绿碧玉，石头形、质、色、纹、韵俱佳，石皮光滑、石质润泽。

三峡风貌——绿碧玉

大型又出形的戈壁绿碧玉尘世本罕见，难得属于标准供石，更难得通体包浆浑厚，外形神似著名的三峡风貌，以当今的赏石鉴赏标准来解读，实属极品奇石。

　　此石整体显得很大气，仿佛"三峡"的缩影。按当代赏石理念，其形、质、色、纹、韵均上乘。

　　形：神似"三峡风貌"，古栈道、悬棺依稀可见；

　　质：绿碧玉为著名石种，密度极高，质地一流；

　　色：凝重的皮色，更显古朴，谱写了岁月的篇章；

　　纹：纹理清晰，走势自然，巧夺天工；

　　韵：犹如大山的缩影，静中有动，极富神韵。

荷塘情趣——小品组合石

石令人古　原始的质朴美

白色木化石，矿物纯净度高、粒度均匀、组成单一，细胞残留色浅，细胞壁残留物极少，细胞形态主要从石英、玉髓交代、充填、堆积形成的细胞轮廓判断。树种多以水杉、银杏等非产树脂性植物为主，后期浸染作用微弱。白色木化石，尘世罕见。

下图为笔者珍藏的银杏木化石"远古之音"，为白色木化石。

远古之音——木化石

该石非常大气，总体呈现出一只回头鹰的形象。其上有五条奇特的抓痕，犹如古猿人灵巧之手精心塑造而成，外加动感的造型，仿佛让人听到了远古之音。

该奇石曾参加"首届多伦国际藏石名家邀请展"、"第二届多伦国际藏石名家邀请展"、"2008中国国际赏石精品博览会"等展览，并被《上海赏石》等刊物收录。

古韵——灵璧石

集琴、棋、书、诗及儒、道、禅于一身

　　下图和谐——小品组合石，宛如航空母舰般的一块沙漠漆奇石天然平整，被巧妙地作为载体；左边一块形似树状的玲珑石上，两只神态迥异的玛瑙石小鸟栖息在树梢上；右边那块小戈壁石上竖立着三块小型玛瑙石，仿佛三位长者在畅谈人生智慧，他们依次是孔子、释迦牟尼、老子；当中的小摆设为一童子在弹琴，随着幽雅的琴声，小鸟停止了鸣唱，仿佛在静静地聆听；尚正气的孔子、尚清气的老子、尚和气的释迦三教相聚一处，探讨世间的和谐之道。

和谐——小品组合石

人石对话　让人心情愉悦　克服浮躁

著名石种"新疆泥石"极难出形人物，笔者收藏的两块新疆泥石人物形象生动，故显得弥足珍贵。在"2008中国国际赏石精品博览会"中入选为精品赏石，最近又被"中国观赏石协会网"作为精品赏石展出。

下图是一组新疆泥石，左侧女子的婀娜优雅之形、亭亭

汉画恩爱——泥石

婉媚之神与右侧男子躬身恭迎之态、怜香惜玉之情，构成了一幅完美的"相敬如宾"恩爱图，整体线条简练，人物生动，酷似中国艺术宝库中的汉画。"得形易，得神难"，这两方"泥石"却能把"传形"与"传神"有机地结合起来，以跌宕的动势，流畅的韵律，达到形似而又非常神似的艺术效果。如此精湛的观赏石，实在令人叹为观止。

相看两不厌——风砺石

鬼斧神工之韵

    我和已故著名藏石家林志文先生交情颇深。2007年，"碧盛缘"精品轩成立林老先生亲自到场，成立之后常常光临 "碧盛缘"精品轩与我喝茶聊天，让我知道了很多的赏石理念。

    林志文先生不仅收藏了许多精美的奇石，而且精于赏石研究，发表了许多见解独到的好文章。其中一篇《功夫在石外二则》告诉人们，"功夫在石外"就是除了赏石理论外，文化修养、艺术造诣、历史知识、爱好广泛等，对提高赏石水平也尤为重要。文中提及的那方"五福临门"奇石，是我早期有缘从林志文前辈那里收藏的珍品。整件作品显得很大气，创意尤见功力，足见林先生知识面非常广泛。

    林先生曾见一雕刻"五福捧寿"图案的漆盒，漆盒中央雕一篆体"寿"字，五只蝙蝠等间距地围绕在四周。因此，林先生决定把那块神似"蝙蝠"的奇石镶嵌在木制镜框内，并用木雕的精美祥云起固定作用；镜框的四角配上四只木雕的蝙蝠，不仅避免了作品的单调，使作品倍添神韵，而且寓意祥瑞——五福临门。

    这块奇石很有灵气。仔细观察，犹如一只真的蝙蝠向您飞来，一对张开的翅膀非常逼真，微微翘起的头部，仿佛蝙蝠在向你飞临，寓意"福临"。整块奇石鬼斧神工，无论是从外形上看还是从神韵上看，都与蝙蝠十分相似，令人感叹大千世界无奇不有！

五福临门——风棱石（22cm×20cm×5cm）

在山泉水清　出山泉水浊

如果说灵璧磬石是中国灵璧石大家族中的王子，那么灵璧白灵石就是灵璧石家族中的公主。灵璧石品种丰富，种类众多，千奇百怪、变化万千的灵璧石带给我们无限的精神享受。作为这个大家族的主要成员，白灵璧的娇小妩媚，特殊质地的视觉效果，常常让爱好灵璧石的朋友在它的面前驻足长视，流连忘返。

诗情画意——白灵璧

灵璧白灵石产于安徽省灵璧县渔沟镇的独堆村。灵璧白灵石质地细腻柔润，色泽洁白如雪，各种灵璧白灵石的底色加上灵质上色彩的变化，构成这个石种家族的庞大。如灰底白灵璧，黑底白灵璧，彩底白灵璧，五彩白灵璧及多种底色组合多种灵质色彩，构成了这个大家族。

灵璧白灵石产量稀少，因而一直在灵璧石的收藏中不被重视，恰恰因为这一点，其又是灵璧石收藏家苦苦追寻的珍爱。

21页图诗情画意——白灵璧灵石，这块奇石通体完美无暇，在白灵璧中极为罕见，难能可贵的是这方奇石可双面欣赏。细细品味，犹似一幅幽雅的风景画，溪水中点缀了数块卵石，小路蜿蜒，夕阳的余辉星星点点地落在河面上，绿水、青山交错成人间美景。

该奇石在"2008中国国际赏石精品博览会"中入选为精品赏石，并为大众所钟爱。

盼——小品组合石

第三章

如何利用奇石
提升居家品位

家庭布置是主人的一张无言名片

　　奇石的好坏与大小无关，重要的是有无灵气，恰如"山不在高，有仙则名；水不在深，有龙则灵"。多年收藏而成的这

石不能言——组合石

组奇石，单件已经美不胜收，七块奇石经匠心独运的摆设，一幅"天成展大雅"的美图（见24页图）呈现在人们眼前——突兀岭岭各斗奇，高低位置雅相宜。

家居饰品的选择，能折射出主人的品位，也能点滴透露出主人的情愫与心境。

"憨八戒"玛瑙石（描述：猪八戒走路时的风采）——图：左上

"楼兰遗韵"玲珑石（描述：楼兰古迹般的味道）——图：右上

"活佛济世"鸡骨石（描述：济公的神韵）——图：左中

"米芾拜石"灵璧石（描述：古人参拜状）——图：中中

"锁云"玲珑石（描述：玲珑石上有一锁住的圆孔）——图：右中

"官运亨通"木化石（描述：古时的朽木棺材）——图：左下

"沙漠之舟"木化石（描述：呈现骆驼形状）——图：右下

居无石不安　厅无石不华　室无石不雅

奇石除了有"石来运转"的神奇传说外，更有奇特的镇宅功能。这可以从以前的大户人家里得到佐证——不但庭院里布石，而且居住处随处可见典雅古朴之奇石，所谓"居无石不安"；厅堂里往往陈列大气的奇石，平添厅堂的华贵气势，所谓"厅无石不华"；在居室中，往往在供桌上摆设雅致的、标准大小的奇石——供石，所谓"室无石不雅"。不管你是否有

宠物莱卡——沙漠漆

艺术细胞，走进中式布置的大户人家里，你一定会肃然起敬，惊叹如此完美而典雅的布置，其实这就是奇石的无穷魅力。

微微翘起的鼻子，闭着眼睛仿佛在沉思，嘴部的轮廓线依稀可见，最奇妙的是下垂的耳朵呈俏色的沙漠漆。由天然奇石形成的宠物狗——莱卡（见26页图），其神态非常逼真，极富韵味！配上合适的底座，犹如"城市雕塑"。该石形、质、色、纹、韵皆备，具有很高的收藏价值。

文学家苏轼著有流传千古的《念奴娇·赤壁怀古》，因而后人将赤壁和苏东坡的名字联在一起，名曰东坡赤壁（见下图）。此石凝重的皮色极似赤壁，雄伟的山形，有小中见大之势。

东坡赤壁——沙漠漆

云台——虎皮大化石

　　上图虎皮大化石属于大化石中的极品。节节高的云台，皮色靓丽，外形精美，质地完全玉化，难得可全景观欣赏！

一叶知秋——沙漠漆

避雨——沙漠漆

下图中，神态逼真的宠物狗背上俨然两只可爱的小狗，在沙漠漆凝重的皮色勾勒下，一幅"天伦之乐"的意趣图呈现在人们眼前。该石除皮色优美外，极富雕塑感，有鬼斧神工之韵!

天伦之乐——沙漠漆

佛缘——钟乳石

钟乳石"佛缘"，整块奇石形体大气而美观，犹如莫高窟的石窟，仿佛由无数的小佛像构筑而成。更奇特的是，纵观此石，整块奇石呈现一个大的坐佛，有缘人赞叹该奇石很有佛意。

古诗源——木化石

　　上图的木化石"古诗源"，该奇石外形极富特色。中心处，犹如喷泉般涌出；来自蒙古的木化石，质地玉化程度高，属于木化石中的佼佼者。

峰回路转——风砺石

　　上图峰回路转风砺石，整块奇石仿佛一座大山的缩影，起伏的山峦，走势奇特，变化多端，那怕稍稍变化角度，就呈现出不同的神韵，恰如峰回路转，右面山峰仿佛一条涧流顺势而下，颇有气势。

魅力之色——黑木化石

　　木化石又称硅化木，是地质历史时期的树木经历地质变迁，最后埋藏在地层中，经历地下水的化学交换、填充作用，从而这些化学物质结晶沉积在树木的木质部分，将树木的原始结构保留下来，于是就形成为木化石。硅化木主要生成于中生代时期，以侏罗纪、白垩纪最多。颜色为土黄、淡黄、黄褐、红褐、灰白、灰黑等，纯黑的木化石非常罕见！笔者珍藏的黑木化石，颜色纯黑而靓丽，造型极富个性。

峭壁飞翠——虎皮大化石

　　上图"峭壁飞翠"虎皮大化石通体精美无比的虎皮，外加阳刚的外形，又隶属于标准石，乃罕见极品也！

蓬莱仙境——玛瑙石

云根历万古　天成展大雅

　　玲珑石属风砺石的一种，风砺石因结构坚硬，很难如太湖石般出形得玲珑剔透，故拥有一组精美无比的玲珑组合石非常

韵——玲珑组合石

难得。

玲珑石韵含原始风霜味，又有乐韵律感，是浓缩天籁意象的古韵珍品，令人产生无限美感、无穷雅趣。

作品"韵"——玲珑石共由7方小品组合，外加一石点缀；整组奇石极具"云"的神韵，没有媚姿，没有俗态，于方寸之间，包罗万象。组合石命名如下：

云呈祥福（上左）

云气万状（上右）

海瑞浮云（中左1）

叠云（中左2）

米芾拜石（中右1）

连理同寿（中右2）

凤凰飞舞（下左）

鹏云万象（下右）

玄关处奇石摆放

大气而极富灵气的大型奇石——灵璧石"鱼化龙"（见44页图），形状非常奇特，上半身逼真的龙首，下半身流畅的鱼身，俨然一条祥瑞的"鱼化龙"！

更奇特的是，把该奇石倒过来看，一幅红红火火的"火炬"图非常逼真地呈现在眼前。石头的颜色非常古朴，纹理非常褶皱，整块奇石显得又皱又瘦，整体充满神秘感。

此石收藏价值极高，因为不但非常出形，而且寓意祥瑞。"鱼化龙"有鲤鱼跳龙门、升腾之意，"火炬"呈兴旺发达、红红火火之意，两者如此完美而巧妙地结合，实属罕见！

别有洞天——灵璧石

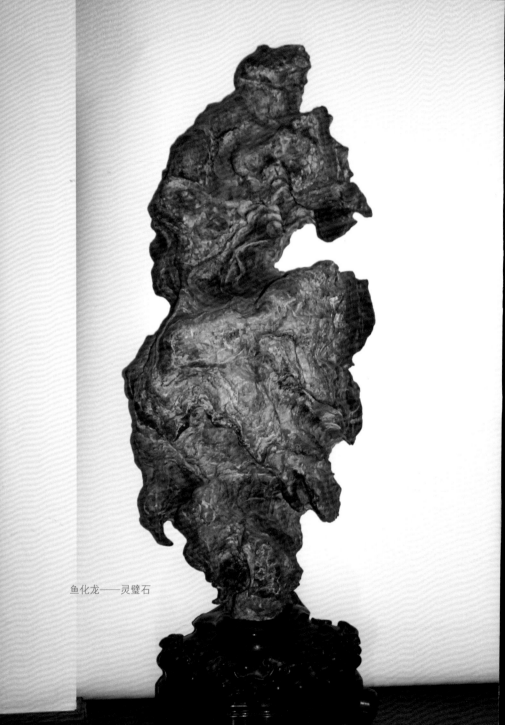

鱼化龙——灵璧石

厅堂奇石摆放

　　厅里奇石摆放，首选大气的山形石。居家摆设是主人的一张名片，厅堂更是彰显主人个性的美好舞台。

　　由大型风砺石天然形成的奇石作品"锦绣山河"（见下图），石体表面非常褶皱，并且部分明显呈现玉质化，质地一流。奇石表皮呈现美丽的金黄色，非常贵气。该石走势多变，极富魅力，山峦起伏，犹如"火焰山"，气势雄伟壮观。

锦绣山河——风砺石

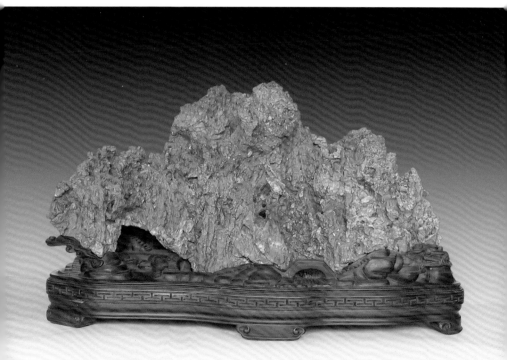

奇石左下部天然形成的孔洞，别具特色。老红木的底座犹如锦上添花，雕刻相得益彰，与石融为一体，堪称巧夺天工。孔洞内，红木雕的三组"石梯"分布得很有章法，"石梯"旁还堆积了一些形状迥异的木雕"卵石"，栩栩如生，仿佛人身处旅游胜地。环顾奇石四周，用红木雕的精美底座上有小桥、流水、祥云，对奇石起到了烘云托月之效。红木底座的底部四周侧面，雕刻着高雅的回纹，精美无比的底座更显奇石高贵典雅。

金蟾——风砺石

卧室奇石摆放

《黄帝宅经》指出："人因宅而立，宅因人而存，人宅相扶，感通天地，故不可独信命也。"现今社会很多人在选购和布置住房时，十分注意家居风水的应用，除了改善家居环境外，还想借此改变运势，带来财富和健康等。他们相信，住房内奇石摆设得当会带动家宅里的运势。但是，奇石间的摆放距离也很重要，太密看了花眼，太疏显得冷清。

小品组合是近年来兴起的一种集寻觅、收藏、创作、欣赏于一体的赏石行为和活动，是当前赏石文化多元发展的表现。

笔者珍藏的小品组合石"天长地久"（见下图），不仅单件精美无比，而且组合起来颇具韵味。

邂逅的神龟除了形神皆备外，更难能可贵的是，玛瑙质

天长地久——玛瑙/沙漠漆

的雌龟（左）"皮色"柔和，外形恰好呈"阴柔状"，而沙漠漆的雄龟（右）"皮色"粗犷，外形又恰到好处地呈现"阳刚状"，外形和颜色达到如此完美统一，真乃天工造物也！

麒麟，是中国古籍中记载的一种神物，与凤、龟、龙共称为"四灵"，是神的坐骑，古人把麒麟当作仁宠，雄性称麒，雌性称麟。麒麟是吉祥神宠，主太平、长寿、吉祥。在中国传统民俗礼仪中，麒麟被制成各种饰物和摆件用于佩戴或安置家中，有祈福和安佑的用意。

麒麟纳福——玲珑石（8cm×7cm×5cm）

著名石种"玲珑石"由于外形千变万化，集皱、瘦、漏、透于一身，具有传统赏石的特色，极富神韵，非常迎合古人的审美情趣，深得人们喜爱，目前其精品已经非常稀缺。

　　由玲珑石形成的天然小麒麟——麒麟纳福（见48页图），其神态逼真，可全景观欣赏，非常难得！富有灵气的头部，扭动的身躯，清晰可见的前后足，摆起的比例到位的小尾巴，无不让人感觉该小麒麟活了！细观其头部，微微翘起的俏皮的小鼻子显得格外可爱，其上方恰到好处地显示一双眼睛，麒麟的嘴巴和两只角均如神来之笔，令人感叹大自然的鬼斧神工！更绝的是从背面欣赏该奇石，一只回头小麒麟活灵活现地呈现在眼前，令人拍案叫绝！

水盂——风砺石

巧夺天工的天然水盂，外形又神似济公帽，配上精湛的鹅柄铜勺，颇显雅韵！

宠物——紫玛瑙

千年等一回——木化对石

第四章

| 陈鸣藏石精粹 |

飞云

雪崖问寒

龙头崖

集云峰

玉玲珑

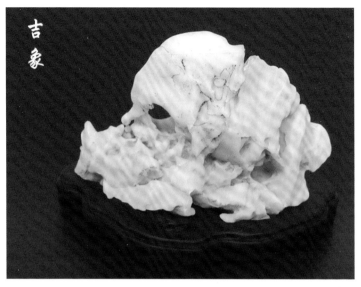

吉象

通幽

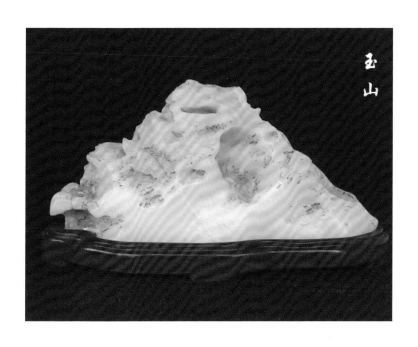

玉山

奇闻共欣赏——真正的奇石

假如您有富余的时间和金钱，推荐您光顾一个修身养性处——极富魅力、令人乐此不彼的奇石世界。

奇石有很多命名，比如观赏石、供石、雅石等，笔者以为真正能称得上奇石的好石头实在少之又少！在我的人生历程中，石文化对我的影响最大。假如把我描述为石痴，我想一点也不为过。在赏玩奇石的过程中，有幸收藏到几方真正的奇石，简直妙不可言，美不胜收，令人感叹大自然的鬼斧神工。

石瓜

下图中的梨皮石不但大小比例非常到位，神似一只真瓜，

石瓜——梨皮石

而且属于难得的标准供石。用手触摸凹凸不平的瓜皮尤感是真瓜，墨绿色的皮色上黄色脉纹更显其逼真。其表皮脉纹清晰可见，犹见一结疤，令人感叹天造地设的美轮美奂。恰到好处的底座，以枝叶与石瓜相得益彰地配合在一起，极富创意，珠联璧合使作品更具神韵。

神奇的木纹

此方乌江石许多人误以为是木雕作品，因为其木纹太逼真了。走近仔细观察，明明是块石头，您依然会以为它是一块木头，简直到了不可思议的地步。除了逼真外，其完美程度也令人惊讶，金黄色的木纹在褐色石体的衬托下，一圈又一圈彼此不交叉，连续又富有动感，令人感叹大自然巧夺天工的神力。

神奇的木纹——乌江石

硕果累累——风砺石

两只外形神似瓜果的风砺石，与精雕细琢的底座珠联璧合，和谐成灵动的奇石作品——硕果累累。

硕果累累——风砺石

大菌菇和小菌菇

此方珊瑚化石不但外形酷似一只大菌菇，而且富有质感，可全方位观察，简直出神入化；神似小菌菇的玛瑙石也很逼真，细看尤见其石体经脉别具神韵。

大菌菇　　小菌菇

大小菌菇——珊瑚化石

童趣——姜石

神似生姜的奇石

姜石，因其形状似生姜而得名，是一种分布广泛、有悠久应用历史的石种，但作为观赏用，则是近几年崛起的新兴事物。

细观此方奇石，仿佛就是一大块错落有致的生姜，更奇的是该石种属于"姜石"。

酷似古陶器的古陶石

古陶石，产桂北岩穴深处，属钙泥质结构。色金黄或偏古铜，质如古陶，如紫砂，盘玩易起包浆。纹理集来宾、白马纹石之长，流畅多变，韵味十足，最可贵的是其形状。古陶石

鹊巢——古陶石

的形状可谓变化万端，举凡人物仙灵、鸟兽虫鱼，乃至花木景观、食物器皿，无不极臻其妙。

我国在六千多年前的大汶口文化时期，即能生产以瓷土或高岭土为原料的白陶器。此后便源源不断。到商代晚期，白陶烧制达到了高峰。商代晚期白陶器在河南、河北、山西、山东等地的遗址或墓葬中均有出土，其中以河南安阳殷墟出土最多。此时的白陶器不仅选料精细，而且制作相当规整、精致，器表又多饰有饕餮纹、夔纹、云雷纹、曲折纹等精美花纹图案，形制和纹饰都有仿制当时的青铜礼器。商代晚期，白陶器是当时陶器中的珍品，也是我国陶瓷器中的瑰宝。

62页图中的奇石外形仿佛一只鹊巢，极具古陶器的神韵，全方位观看均精美无比，犹如高手制作的陶艺作品。更奇特的是，碰巧该石种为"古陶石"，陶艺专家见了也赞不绝口，实乃石中绝品。

奇特的俏色三足金蟾

三腿的蛤蟆被称为"蟾"，传说它能口吐金钱，是旺财之物。

三足金蟾——沙漠漆

作者收藏的这块沙漠漆奇石尤其奇特，可谓真正的奇石。金蟾的背部呈俏丽的沙漠漆，富有质感，而肚皮却完全呈玛瑙质地，颜色分明，犹如一件巧雕作品；更奇特的是该奇石碰巧只有三足，并呈漂亮的沙漠漆，仿佛浮雕般呈现在玛瑙质的身体上，恰如金蟾的三足；金蟾鼓起的眼睛以及嘴部的轮廓线均清晰可见，很有韵味。

石牛——灵璧石

天成灵璧石小精品石牛，左边的浮雕呈牛身，右边的浮雕呈牛首，牛身与牛首成曼妙的呼应状。

石牛——灵璧石

梅之韵——玛瑙石

精品奇石赏析——大鲤鱼

古代传说黄河鲤鱼跳过龙门(山西省河津市禹门口)，就会变化成龙。《埤雅·释鱼》："俗说鱼跃龙门，过而为龙，唯鲤或然。"清李元《蠕范·物体》："鲤……黄者每岁季春逆流登龙门山，天火自后烧其尾，则化为龙。"后以"鲤鱼跳龙门"比喻中举、升官等飞黄腾达之事。

"灵璧一石天下奇，声如青铜色碧玉，秀润四时岚岗翠，宝落世间何巍巍。"这是宋代诗人方岩对灵璧石发出的由衷赞叹。所谓灵璧石，又名磬石，产于安徽灵璧县浮磐山，是我国传统的观赏石之一，早在战国时期就已被作为贡品。大部分灵璧石漆黑如墨，也有灰黑、浅灰、赭绿等色。石质坚硬素雅，色泽美观。更奇的是击之灵璧石做的磬声如青铜，故灵磬石又称磬石。灵璧石之美为古今名人喜爱，至今仍是藏石爱好者搜集的对象。目前，故宫、孔庙保留的编磬都是产自灵璧石。

66页图为作者珍藏的灵璧石——大鲤鱼，收藏于二十世纪九十年代，来自著名藏石家沈慧根。如此传神的灵璧磬石，实属罕见！颇有神韵的大鲤鱼头，轮廓清晰而神韵。扭转的鱼身仿佛鲤鱼在腾跃，曼妙的鱼尾，灵动中翻溅出朵朵水花……

大鲤鱼——灵璧石

精品奇石赏析——肥原沃土

　　大化石是大化彩玉石的简称。大化石产于广西大化县境内的岩滩水电站附近河段，目前，由于大坝之上是库区，只有大坝下约6公里长一截河段在开发。从开发出来的大化石看，无论大到一二十吨的巨石，还是小到二三十克的小石子，无不石质坚硬，硅化或玉化程度高；石形奇特，千姿百态；花纹图案变化无穷，色彩艳丽，和谐悦目……由此可见大化石的风雅、气质、神韵都达到了非凡的境地。

　　大化石即彩玉石，生成于古生界二叠系约2.6亿年前，属海洋沉积硅质岩。其原岩为火成岩与沉积岩之蚀变带硅质岩石，石质结构紧密，摩氏硬度约5～7度，色彩艳丽古朴，呈金黄、褐黄、棕红、深棕、古铜、翠绿、黄绿、灰绿、陶白等多种色泽。

　　大化岩滩红水河段为什么能奇迹般地产出彩玉石等多种为世人瞩目的奇石呢？这与红水河所处的地质地理环境有关，广西赏石协会会长张士中先生认为，红水河地处华南准地台西南部，各时代地层发育齐全，沉积种类多，变化殊异，火成活动多期，地层岩石的蚀变条件好、硅化程度高，有利于形成各种类型的奇石。大化岩滩红水河产石区处于岩滩电站坝首下游

肥原沃土——大化石

处，河水落差大，水深约30~60米，水流量大，对石体冲刷力强；河床下水沙激流，水势变幻莫测，地形复杂多变，使石体有良好的水洗度，形成润泽的石肤，有利于岩石破碎后形成形态各异的石形。

上图为作者珍藏的大化石——肥原沃土，外形大气，犹如肥沃的土地。石皮包浆浑厚，颜色古朴，有魅力！

精品奇石赏析——大寿桃

　　笔者珍藏的极品大化石"大寿桃"，皮色靓丽，外形神韵，酷似一只巨无霸的寿桃！原汁原味的底座，使作品得以升华。下图大化石"大寿桃"，集形、质、色、纹、韵于一身，乃石中极品。

　　大化石不愧是观赏石中的珍品，它具有中国绝大部分观赏石所具有的优点，如坚硬润滑、细腻、光洁、图案花纹变化多

大寿桃——大化石

样、色彩鲜艳、外形奇特等，因而称大化石乃奇石之王也当之无愧。

　　大化石的这些特性，使其深受国内外奇石爱好者和藏石家的盛赞与青睐，并争相购买和收藏。2008年，一石商便花228万元卖了一块大化巨石给广西柳州市一房地产商。2010年，大化石单品成交纪录有350万~400万元，2011年单品成交价已达460万~1000万元，收藏大化石的收藏爱好者年年都听到价涨的利好消息。通过市场的多年运作，大化石已成为市场流通的硬通货。

傲骨——英石

精品奇石赏析——沙漠漆缠丝玉猪

　　沙漠漆石是戈壁石中的一种，其表面好似涂一层油漆，因而称为沙漠漆。沙漠漆的形成条件有两个，其一，是荒漠地区干旱少雨、温差大、风沙大；其二，是地下水中必须含有高碱矿化度和氧化锰、铁等金属阳离子。由于石块下面的水中含有金属胶体溶液，这些会通过毛细管向上扩散，经烈日烘烤，石头表面沉淀、浸染一层氧化金属薄膜，好似涂了一层亚光漆，再经过风沙反复抛光，就形成了好似喷涂了一层油漆的石头。

　　因沙漠漆石所处区位不同，就产生了有的漆层厚，有的漆层薄，其颜色也不相同，周围有不同金属离子就产生不同颜色。沙漠漆以红、黄、黑调为主色。如：红、朱红、杏红，黄、棕黄、橙黄、桔黄，黑、棕黑、褐色等。

　　沙漠漆中漆皮厚、色浓、表面光润者称老漆，是沙漠漆石中的上品。有的漆石虽然漆薄但色泽协调，表面光润如同石皮包浆，也是较好的沙漠漆石。

　　72页图为作者珍藏的沙漠漆缠丝玉猪，外形逼真，皮色靓丽，尤其难能可贵的是，美丽的沙漠漆皮色上，镶嵌着魅力的缠丝玛瑙，使作品平添几许魅力。仔细端详，玉猪的头部轮廓线条清晰，鼻子、嘴巴、眼睛、淘气的耳朵、翘起的臀部以及尾巴等，无不是神来之笔，实乃鬼斧神工之作！

缠丝玉猪——沙漠漆

婀娜多姿——玲珑石集锦

精品奇石赏析——思想者

笔者珍藏的极品风砺石——思想者，见下图。该风砺石犹如太湖石般出形，玲珑剔透，十分难得。

该奇石走势神韵，变幻无穷！侧身人像，长发披肩，头部轮廓线生动，五官依稀可见。更奇的是，所配底座可两用。倒过来欣赏，乃神韵的玲珑奇石，令人叹为观止！

思想者——风砺石

精品奇石赏析——奇峰泻玉

下图为作者珍藏的极品风砺石——奇峰泻玉，奇特而精美无比。紫色的风砺石非常罕见，更奇的是紫色的石体上分布了粗细不等、灵动而极富神韵的玉带，实在令人赞叹不已。

形：外形犹如大山的缩影，非常大气。大小又归属合手可抱的标准石，所谓"供石"，是"供石"中的上品。

质：质地一流，结构紧密，其白色部分完全玉质化。

奇峰泻玉——风砺石

色：主体呈现罕见的紫色，高贵而典雅，点缀的条条白色玉带，使奇石平添几分神韵。

纹：纹理清晰，玉带的走势自然而奇特。

韵：外形犹如大山的缩影，灵秀分布其上的白色玉带，仿佛锦上添花，使奇石极富神韵。

当今鉴赏奇石的最高标准，所谓"形、质、色、纹、韵"，奇石"奇峰泻玉"完全吻合。属可遇而不可求的上品奇石。

"奇峰泻玉"的奇有三点：一奇，石体呈罕见的紫色；二奇，分布的玉带，犹如奇峰倾泻白玉，令人叹为观止；三奇，走势奇特而极富神韵，仿佛大山的缩影。

昆石韵——风砺石

精品奇石赏析——万寿龟年

　　彩陶石，又称为马安石，产于柳州合山市马安村红水河十五滩，有彩釉和彩陶之分，石肌似瓷器釉面者称彩釉石，无釉似陶面者称彩陶石。有纯色石与鸳鸯石之分，鸳鸯石是指双色石，三色以上者称多色鸳鸯石，鸳鸯石以下部墨黑上部翠绿为贵。色分翠绿、墨黑、橙红、棕黄、灰绿、棕褐等色，俗称"唐三彩"。属沉积岩，以硅质粉砂岩或硅质凝灰岩为主。

千年锦绣万寿龟年——彩陶石

彩釉石多见平台、层台形，不求形异，首重色泽，以翠绿色为贵，现在已近乎绝迹。彩陶石多见象形、景观等状。

彩陶石是非常高档的石种，假如外形极具个性，图案又非常完美，则非常难得，定会为高雅的有识之士青睐。精美的彩陶石实属可遇不可求的宝物，非常稀缺。

作者多年前有幸收藏的这方彩陶石可谓完美无缺，堪称石中极品。该奇石经专家评审，很荣幸被收录在《上海赏石》中。为给该奇石命名，作者特意拜访了艺术造诣颇深的虹桥画院院长唐天源。唐院长沉思良久，"千年锦绣，万寿龟年"精美而雅致的命名脱口而出。

仔细端详该奇石，它被非常巧妙地分成上下两部分：上半部分俨然一灵动的神龟，寓意"万寿龟年"；下半部分显示灿烂的锦绣山河，寓意"千年锦绣"。"千年锦绣"与"万寿龟年"组合在一起是何等的祥瑞。设计底座也费了好多心血，拜请著名藏石家孙忠元亲自设计并制作。灵性的紫檀木底座，对奇石起到了很好的烘云托月之效，使美石得到了质的升华。

精品奇石赏析——诺亚方舟

　　诺亚方舟出自圣经《创世纪》中的一个传说。由于偷吃禁果，亚当夏娃被逐出伊甸园。后来，亚当和夏娃繁衍了无数子女，他们逐渐遍布整个大地。上帝诅咒了土地，人们不得不付出艰辛的劳动才能果腹，人世间的暴力和罪恶简直到了无以复加的地步。上帝看到了这一切，非常后悔造了人："我要让所

诺亚方舟——沙漠漆黄碧玉

造的人和走兽、昆虫以及空中的飞鸟都从地上消灭。"但是又舍不得把造物全部毁掉。

最后，只有诺亚在上帝面前蒙恩。上帝选中了诺亚一家，作为新一代人类的种子保存下来。上帝告诉他们七天之后就要实施大毁灭，要他们用歌斐木造一只方舟，分一间一间地造，里外抹上松香。这只方舟要长300英寸、宽50英寸、高30英寸。方舟上边要留有透光的窗户，旁边要开一扇门。方舟要分上中下三层。他们立即照办。上帝看到方舟造好了，就说："看哪，我要使洪水在地上泛滥，毁灭天下，凡地上有血肉、有气息的活物无一不死。我却要与你立约，你同你的妻子、儿子、儿媳都要进入方舟。凡洁净畜类，你要带七公七母；不洁净的畜类，你要带一公一母；空中的飞鸟也要带七公七母。这些都可以留种，将来在地上生殖。"

笔者珍藏的沙漠漆黄碧玉"诺亚方舟"，恰似极品古玩再现。

外形神似古船，沙漠漆黄碧玉呈现的皮色非常古朴，令人惊讶的是其纹理对应木纹，更神奇的是用手触摸"木纹"，感觉该古船仿佛是用一块块真的长条木板堆积而成，立体感非常强。该奇石非常完美，从各个角度观察，船首、船尾、左侧面和右侧面均神似传说的"诺亚方舟"。再观此奇石，古船上载的犹如兵器，仿佛"古船沉载"，此方黄碧玉呈现"石令人古"的意境。

精品奇石赏析——来宾石瑞兽

　　来宾石，产于中国广西来宾市的一种观赏名石。来宾奇石主要源自红水河来宾河段。来宾奇石形、色、质、纹、声五大要素俱全，以其独特的科学价值、艺术价值、经济价值、历史价值等，给人们以永恒的享受。来宾石的原岩距今已有2.5~3亿年以上的历史。早在明朝，来宾奇石便已列入国家石谱。

瑞兽——来宾石

笔者珍藏的来宾石瑞兽，大小合宜，实属罕见的极品级标准供石。外形走势神韵，总体曼妙地呈现头部、身体、足部、尾部。不少朋友对我这方来宾奇石"情有独钟"，叹为观止。

金蟾——沙漠漆

大元宝——黄蜡石

精品奇石赏析——大化石瑞兔

大化石又称彩玉石。产于广西大化县红水河岩滩及水底，属硅质火成岩，硬度在5度左右，水冲石类，开发于1997年，分黄、红、青、紫等色。

笔者珍藏的大化石"瑞兔"，大小合宜，属难得的标准供石。集形、质、色、纹、韵于一体，皮色靓丽，外形大气，

瑞兔——大化石

神似一只祥瑞的玉兔，头部的轮廓清晰可见，耳朵、眼睛、鼻子、嘴巴乃神来之笔，感叹天工造化。

佳肴——玛瑙石

生命之源——风砺石　　翔鹰——灵璧石

精品奇石赏析——鎏金横财

　　硅化木是数亿年前的树木因种种原因被埋入地下，在地层中，树干周围的化学物质如二氧化硅、硫化铁、碳酸钙等在地下水的作用下进入到树木内部，替换了原来的木质成分，保留了树木的形态，经过石化作用形成的植物化石，因其中所含的二氧化硅成分多，所以常常称为硅化木。

　　通灵者认为，人可以获取其长寿的能量，帮助人延长寿命。打坐或静心时，可以感受其强大精纯的能量，全身百脉舒畅，犹如身处天堂，静心时容易吸收其能量并转化为自己的能

鎏金横财——硅化木

量；打坐前凝视木化石，并给以自己适当的提示"要进入前世的记忆"，如果静心得好，有可能回溯到前世去。

笔者珍藏的标准供石——硅化木"鎏金横财"，外形大气，走势神韵，皮色靓丽，质地玉化，未经丝毫人工雕琢，乃天赐神物也！以当今赏石标准"形、质、色、纹、韵"来鉴赏该藏石，实乃大雅、大美之奇石！

丰收——玛瑙石

峰回路转——九龙璧

精品奇石赏析——高原平湖

　　吕梁石，产于江苏省徐州市东南约25公里的铜山县吕梁乡山区。吕梁石石质细腻，肤滑如玉，形色浑厚，苍古奇崛，有山石的棱角和水石的圆润，融刚柔于一体，是较为独特的石种，带有红色、紫色者属稀少品种，若再具一定形状则为珍品。

　　笔者收藏的这方红吕梁石属稀少品种，并具有大气而优美的造型，更是难能可贵！该奇石造型浑厚，线条流畅并极富神韵，仿佛高原上极具气势的平湖。多年前游玩天柱山，天柱山上的高原第二大湖泊令我震撼，想起收藏多年的这方心爱的红

高原平湖——吕梁石

吕梁石，故名"高原平湖"。见过此石的人，无不赞叹它的大气，仿佛真正的大山缩影。

雄霸天下——红碧玉

龙龟——黄碧玉

精品奇石赏析——罗丹遗韵

奥古斯特·罗丹是十九世纪法国最有影响的雕塑家，他一生勤奋工作，敢于突破传统，走自己的路。罗丹善于吸收一切优良传统，对于古希腊雕塑的优美生动及对比手法，理解非常深刻，其作品架构了西方近代雕塑与现代雕塑之间的桥梁，是西方雕塑史上一位划时代的人物。同时，罗丹也是欧洲两千多年来传统雕塑艺术的集大成者，是二十世纪新雕塑艺术的创造者。

对于现代人来说，罗丹是旧时期（古典主义时期）的最后一位雕刻家，又是新时期（现代主义时期）最初的一位雕刻家。可以说，罗丹用他在古典主义时期锻炼得成熟而有力的双手，用他不为传统束缚的创造精神，为新时代打开了现代雕塑的大门。

"生命之泉，是由心中飞涌的生命之花，是自内而外开放的"。法国雕塑家罗丹坚信"艺术即感情"，他的作品生动且富有精神气息，启迪人们思考。

黑珍珠，是纯黑色致密坚硬的硅质岩，由于结构致密，水洗度高，石肤特别光洁润泽，多形成形象石和风景石，主要产自广西来宾市红水河蓬莱洲一带，具有很高的收藏价值。

罗丹遗韵——黑珍珠

　　一块黑珍珠极似艺术家的塑像，我自命得意地取名为"艺术家"，西藏美协副主席、虹桥画院院长唐天源看后，激赞不已，称其为"罗丹遗韵"，故最终以"罗丹遗韵"命名。

　　笔者珍藏的黑珍珠"罗丹遗韵"，皮色靓丽，呈现魅力的黑色；人像造型生动，艺术家特有的发结似依稀可见；下巴、鼻子、头发无不神韵凸显，整体呈现一尊雕塑，仿佛罗丹再世。

精品奇石赏析——瑞兽呈祥

　　典藏奇石——瑞兽呈祥，表面呈完美的沙漠漆，皮色非常靓丽；头部轮廓清晰，五官依稀可见，整体显得很和谐，大小比例到位，极具雄狮的神韵；尤其是奇石的下半部分巧妙地分成两部分，恰似雄狮的前后腿，仿佛正在昂首阔步。该奇石曾入选"第二届上海藏石家精品联展"，被"国际赏石文化研究中心"推选为"精华主题"。

瑞兽呈祥——沙漠漆

精品奇石赏析——波涛汹涌

　　笔者珍藏的玉质风砺石"波涛汹涌"，归属难得的标准供石，大小合宜。外形气势磅礴，犹如阵阵海浪涌来，令人有身临其境之感。

　　如此大型且玉化程度完美的风砺石尘世罕见，这般传神的则更稀少。以当今鉴赏奇石的五大标准"形、质、色、纹、韵"来评论，这块奇石可以称作极品。

波涛汹涌——玉质风砺石

佛缘——黑木化

瑞兽——彩木化

精品奇石赏析——世代传珍

笔者珍藏的绿碧玉"世代传珍"，集形、质、色、纹、韵于一身，乃奇石中的极品。令人赞不绝口。它神似袋鼠，头部轮廓清晰可见，肢体语言逼真，更难得的是可双面欣赏，恰如鬼斧神工，为绿碧玉中的稀缺品种。

世代传珍——绿碧玉

该奇石获得的赞誉有：

国际赏石文化研究中心，观赏石鉴赏总区坛主良石益友的点评：机警可爱，"世代传珍"题名佳。

国际赏石文化研究中心，观赏石鉴赏总区版主黄山太平石的点评：好石

国际赏石文化研究中心，观赏石鉴赏总区版主石音的点评：生动形象，灵动传神。欣赏！

踏雪寻梅——白灵璧

精品奇石赏析——雄啸天下

葡萄玛瑙石，产于内蒙古阿拉善盟苏宏图一带。该石坚硬如玉，摩氏硬度为6.5～7度，晶莹剔透，色彩绚丽，呈浅红至深紫等色，半透明，造型奇特。葡萄玛瑙石是内蒙古的独特石种，由于形成条件十分苛刻，葡萄玛瑙石非常稀少。

笔者珍藏的葡萄玛瑙石，通体完美无损，晶莹剔透，更奇特的是，配上特色底座，"雄啸天下"果真神似一只雄啸天下的狮子！

雄啸天下——玛瑙石

精品奇石赏析——邂逅

　　笔者曾有幸收藏到一对非常精美的来宾卷纹石！令我感叹大千世界无奇不有，这还不算稀奇，我却有缘偶遇，也许是老天特意给我这位真正的石痴石迷留下的！

　　来宾卷纹石——邂逅，曾入选"第二届上海藏石家精品联展"。一卧一立的两块奇石大小相仿，神态逼真，非常难得地邂逅在一起，仿佛千年等一回。来宾卷纹石犹如浮雕般的纹理，使作品更具神韵！"千年等一回"的邂逅：你是幸福的，我是快乐的。

邂逅——来宾卷纹石

精品奇石赏析——小品组合

收自于资深藏石家、著名鉴赏家何菊梅的几组小品组合石，各具特色，灵性赋予这些石头栩栩如生的生命，充满生活气息。当石头与诗者、书者、画者的灵感结合起来，石头也能活着感动世人。

蝶恋花

蝶恋花，曼妙而婉约。灵动的树枝上，点缀着奇石小花，勾勒出主画面；两只神韵的奇石蝴蝶，仿佛正在飞向美丽的花丛。

海南风情

海南风情，仿佛无声的诗，立体的画。一块多变的奇石组成了大气的载体，犹如画龙点睛的天然奇石少女，其头发呈俏色状，灵动的衣裙体现出少女的魅力之韵，少女正信步走向梦中的家园。神奇的小石屋佐以木栅栏、变幻的木扶梯、南国风情的树，点缀的细白石和帆船平添几多诗情画意，勾勒出曼妙的画卷。

再回家看看

再回家看看，呈现原始的质朴美。颇有沧桑感的老屋以灵动的木栅栏点缀，神韵的大树下，朴实的农家乐布局，仿佛迎接远道而来的亲人……

梦回徽州

梦回徽州，大气而浑厚，体现徽州浓浓的生活气息，情景交融。由天然灵璧石组成平台，两棵高大的银色大树下，质朴的茅屋和农舍，犹如无声的诗；左边，漫步的老少爷们；中间，天然灵璧石形成的三个人物犹如得道的高人组合成雅聚图；右边，原始的取火图平添几多乡情。

石界人物联袂推介

　　走进"碧盛缘"藏馆，你会见到一位清秀儒雅的店主，他就是我要向大家介绍的上海市观赏石协会的一位会员——陈鸣先生。

　　陈鸣从小就痴迷于艺术，1983年大学毕业后，始终从事唯美的高档艺术品的收藏，尤其对奇石和玉器的感悟很有天赋。由于他真正在用"心"收藏，所以有缘觅得不少佳品，陈列于"碧盛缘"藏馆内。

　　陈鸣的收藏真谛是：没有买贵的，只有买错的；时间只记住精品，艺术则承认一流。他的收藏品也验证了他的收藏理念。

　　他自称为"传播美的使者"，在古北市民中心开办奇石讲

陈鸣

座，为居民讲解观赏石的知识；在店堂里，即使不买货，他仍
会滔滔不绝地向你介绍如何挑选翡翠、怎样辨别和田白玉，等
等。相互谈到投机时，如果你买他的货，往往会得到半卖半送
的优惠，所以他另有一个雅号："不会赚钱的儒商。"

　　陈鸣的博客也是一道亮丽的风景线，博学的知识、优雅
的文采、真情的倾泻，赢得不少网友的围观，其中不乏社会
名流的关注。如果有兴趣，可以关注作者新浪博客——碧盛
缘陈鸣。

　　我特别欣赏他把赏石的要素和选美的要素有机联系，佳文
共享，参见前言。

赵德奇　石　童

蚕宝宝——灵璧石

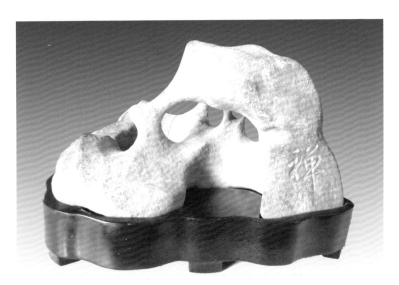

古韵——英石

后　记

承蒙教育家林格的赏识，本书的立意和著书，得到了林先生的鼎力相助。在此表示衷心地感谢！承蒙林格先生对我所著藏石书的偏爱，为我费心写《序》，令我非常感动！感恩生命中有您——尊敬的林格先生！承蒙清华大学出版社第八事业部张立红老师的精心指导，以《富春山居图》来启发我赏石著书，以篇篇精彩为努力目标，深表谢意！承蒙著名藏石家、赏石理论家石童，为全书精准地拍摄具有魅力的藏品图，并通读全篇进行灵犀地指导，深表谢意。

本书的封面推荐语，感恩众多高人的鼎力相助！承蒙教育家林格先生抬爱；承蒙西藏美术家协会副主席唐天源先生抬爱；承蒙华夏古陶瓷文化研究中心董事长陈东仁先生抬爱；承蒙中国熊猫画第一人、百图熊猫翁张锦标先生抬爱；承蒙著名藏石家、赏石理论家石童先生抬爱，陈鸣在此向你们表达深深的敬意！

一位名人曾说："时间只记住精品，艺术则承认一流。"我很早就有了精品意识。在明白收藏的真谛后，我遇精品必收，由于深知"精品金价"之理，只能出手大方，大有"千金

天然茶海——钟乳石

散尽还复来"之豪气。其实，收藏的最大乐趣在于过程，每件宝贝的偶遇及求得经历都记忆犹新。

常去的一家藏馆有一件宛如梯田的根艺，经常看见它，但始终未引起我的关注。若干年后，店主把它当茶海使用。我说："这根艺做成茶海还真不错。"没想到店主告诉我，它并非根艺作品而是天然形成的钟乳石！我大吃一惊，用力朝上掂一下，好重，真的是块石头哦！由钟乳石形成的天然茶海，粗看，极似一件根艺作品，仔细端详才发现是块好美的奇石！一层又一层如梯田般展现，宛如九寨沟的"五彩池"。俯视整块奇石，每一部分既不多余又不可缺少，让人感叹大自然的神奇魅力！曾经有一位著名的大收藏家在欣赏后感慨："能在如此特色的茶海上喝茶，简直成仙了！"一位号称家中有金銮殿砖头的先生，很想让我割爱给他，他把此石命名为"福田"，想把它放置在那块来自金銮殿的砖头之上，我不忍割让，因为我痴迷它。

现在的年轻人讲"月光族"，假如我告诉你，在20世纪90年代我就是"月光族"，把远比一般人高的收入全投入收藏奇石时，你肯定难以相信。为此，我曾遭到家人的一致反对。我曾经非常不开心，也更加用"心"去收藏，在寻宝中感知大自然的厚爱。

比如一块灵性的石头，就是一段山水的浓缩，没有媚姿，没有俗态，于方寸之间包罗万象；有着山的雄奇、水的空灵、云的变幻、风的色彩，让一颗尽染尘俗的心刹那间过滤干净、风清月白。

寻寻觅觅的收藏让我感到无限乐趣，精美绝伦的藏品如可爱的小精灵伴我度过失落的年代。尽管顶着巨大的精神压力，我依然无怨无悔地继续神圣的事业——收藏奇石。

徐悲鸿曾言："别人看我是荒谬，我看自己是绝伦。"我坚信"天生我材必有用，千金散尽还复来"，和平崛起的中国正值盛世，我要在有生之年，借着"盛世收藏"的东风，积聚尽可能多的精美藏品，成为传播美的使者，使高雅的唯美艺术走进千家万户。

古有"米芾拜石"之传说，现今的我对艺术品的执着如痴如醉。万般皆下品，唯有奇石高！

有一次寻觅于石市场，一块大气而极富灵气的大型奇石"鱼化龙"使我驻足留恋。我一见钟情，感到此石收藏价值极高，因为不但非常出形，而且寓意祥瑞。"鱼化龙"有鲤鱼跳龙门，升腾之意；而"火炬"呈兴旺发达、红红火火之意。如此吉祥如意的涵义合二为一，真乃奇石也！然而店主告诉我，此观赏石已被一位先生订了，我感到很失落，嘱咐店主以后有类似造型的及时通知我，我知道希望渺茫，明知世界上没有相同的两块石头，何况是精品，相似的几乎不可能找到！也许我的真诚感动了上帝，没想到奇迹发生了，当我再次路过该店时，店主竟告诉我可以买下奇石"鱼化龙"了，原来订该石的那位先生因故放弃了。我大喜过望，很庆幸能拥有如此中意的大型灵璧奇石。

不计成本收藏佳品乃我一大特色。一次，一块精美的玲珑石吸引了我，它质地呈玉质化，最难得的是图案显现"锁云"。我拿在手上反复把玩，问价后马上付钱。没想到店主看我爱不释手竟说："不卖了！"我纳闷并追问为什么，店主称想要的话再付一倍的钱，店主没想到我竟再次爽快地答应了。店主出人意料地再次反悔，连在旁的顾客也看不过去了。店主迫于压力不再加价，我终于艰难地买下了这件宝物。尽管购买的经历让我感到不爽，回家细细端详宝物，我还是大喜过望！从"形、质、色、纹、韵"来评判，它都是完美的！其实店主当时出价再贵，我还是会买下的，我对精品志在必得。该石曾参加"第二届上海多伦国际藏石名家邀请展"。

遇精品志在必得。在一家精品石馆，我见到小型博古架上陈列着一组精美的小品石，其中一块玛瑙石尤其引人注目。它酷似小海狮，其嘴部巧妙配以比例到位的玛瑙小球，极富神韵地呈现"海狮顶球"状，简直太美了！我认为，该石在组合石中起"画龙点睛"的作用，执意买下。我喜得宝物正沉湎于陶醉中时，真正的店主追来了，告诉我刚才的"店主"是他的伙计，误把"龙的眼睛"卖给我了，请求我退还给他。由于太痴迷此宝物，我坚持不退，尽管那位伙计再三求我，我还是执意不还，因为我太喜欢了。我感到有点过意不去，作为补偿，我把所带的全部零钱都给了那位伙计，这样，为了买此小石，我花费了不少钱，但我依然自得其乐。

　　独乐乐不如同乐乐。当极具特色的精绝之品聚满一室时，好客的我常会邀朋友来。品茗神聊后，众多人士对我的藏品赞不绝口，其中不乏著名收藏家和艺术家以及企业精英。这使我萌生了将珍藏的精美藏品展示给大众的想法，以实现自己毕生的愿望。于是，在上海伊犁路文化街开了"碧盛缘"藏馆，"碧盛缘"谐音"毕生愿"。藏馆内精美藏品云集一堂，我匠心独运地把它们摆放得体，恰如清朝的乾隆皇帝所言，突兀玲珑各斗奇，高低位置雅相宜。单件奇石已很美，数件奇石被我巧妙地摆放在博古架上，一幅"云根历万古，天成展大雅"的美景便呈现在人们眼前。

　　个性化的藏馆吸引了顾客，我把藏馆当成传播文化、传播美的课堂，向他们悉心讲解，包括玉文化和石文化知识，以及

母爱——玛瑙石

如何把家居点缀得更雅致，得到了附近小区居民和顾客的交口称赞，有些志趣相投的人士竟夸我的藏馆为私立博物馆，我听了很受鼓舞。

　　除了路过的行人忍不住要进内一看，有时路过的小车主人也会驱车绕道返回"碧盛缘"藏馆，一睹雅致而精美的藏品。"碧盛缘"乃我毕生的心愿，相信"碧盛缘"会是传播美的使者，让千家万户共享盛世收藏的胜境！

陈　鸣